BEI GRIN MACHT SICH IHR WISSEN BEZAHLT

- Wir veröffentlichen Ihre Hausarbeit,
  Bachelor- und Masterarbeit

- Ihr eigenes eBook und Buch -
  weltweit in allen wichtigen Shops

- Verdienen Sie an jedem Verkauf

Jetzt bei www.GRIN.com hochladen und kostenlos publizieren

Bibliografische Information der Deutschen Nationalbibliothek:

Die Deutsche Bibliothek verzeichnet diese Publikation in der Deutschen National-
bibliografie; detaillierte bibliografische Daten sind im Internet über http://dnb.d-
nb.de/ abrufbar.

Impressum:

Copyright © 2018 GRIN Verlag
Druck und Bindung: Books on Demand GmbH, Norderstedt Germany
ISBN: 9783668913158

Dieses Buch bei GRIN:

https://www.grin.com/document/464744

Marina Mandilara

Die Rolle von Raum- und Formerfahrungen in der Kita für die spätere mathematische Kompetenz von Kindern

GRIN Verlag

GRIN - Your knowledge has value

Der GRIN Verlag publiziert seit 1998 wissenschaftliche Arbeiten von Studenten, Hochschullehrern und anderen Akademikern als eBook und gedrucktes Buch. Die Verlagswebsite www.grin.com ist die ideale Plattform zur Veröffentlichung von Hausarbeiten, Abschlussarbeiten, wissenschaftlichen Aufsätzen, Dissertationen und Fachbüchern.

Besuchen Sie uns im Internet:

http://www.grin.com/

http://www.facebook.com/grincom

http://www.twitter.com/grin_com

Diploma Hochschule

Private Fachhochschule Nordhessen

Bad Sooden-Allendorf

Studiengang: Kindheitspädagogik, Bachelor of Arts

Modul: Bildungsbereich: Mathe, Natur und Umwelt

Fach: Mathematische Frühbildung

Sommersemester 2018 (4. Fachsemester)

Hausarbeit

Die Rolle von Raum- und Formerfahrungen in der Kita

für die spätere mathematische Kompetenz von Kindern

Autor

Dipl.- Ing. Marina Mandilara

Prüfungsdatum: 27.10.2018   Bearbeitungszeit: 8 Wochen

„Das große Buch der Natur kann
nur von jenen gelesen werden,
die die Sprache verstehen, in der
es geschrieben ist. Es ist in
mathematischer Sprache geschrieben,
und seine Buchstaben sind Dreiecke,
Kreise und andere geometrische
Figuren."

Galileo Galilei
aus: „Der Prüfer mit der Goldwaage"

Inhaltsverzeichnis

1. Einleitung

Nach den schockierenden Ergebnissen der PISA-Studien im Jahre 2000 findet in der deutschen Bildungslandschaft ein Umdenken und eine Wandlung statt. Die alarmierenden Zahlen über die Leistungen der deutschen SchülerInnen in Sprache und Mathematik offenbarten unmissverständlich die Notwendigkeit einer Neurorientierung in der Bildung. Baumert u.a. bemerken im Jahr 2001, dass in einem früh differenzierenden System (4. Grundschulklasse) wie in Deutschland „die frühe und früheste Förderung in jenen Kompetenzbereichen, die für Laufbahnentscheidungen maßgeblich sind, umso wichtiger ist". (Baumert u.a., 2001, S. 37).

Fthenakis spricht sogar von der Notwendigkeit einer Reform der Frühpädagogik zugunsten einer Pädagogik, die nicht mehr auf reine Wissensvermittlung zielt, sondern auf die Stärkung kindlicher Entwicklung und kindlicher Kompetenzen (vgl. Fthenakis, 2015, Vortrag). „Und weil kindliche Kompetenzen sich früh entwickeln, wird die Bedeutung früher Bildung international neu bewertet als das Fundament gelingender individueller Bildungsbiographien." (Fthenakis, 2015, Vortrag).

Nach den beeindruckenden Studien über den „präverbalen Zahlensinn" bei Neugeborenen (vgl. Starkey et.al.,1990, S. 97ff) sowie den Ergebnissen neurowissenschaftlicher Forschung über die enorme neuronale Plastizität des jungen Gehirns (vgl. Bock, 2014, S. 67ff) ist neben der Notwendigkeit, die Sinnhaftigkeit mathematischer Frühförderung belegt. Eine Langzeitstudie von Krajewski und Schneider an 195 Kindergartenkindern zeigt auf, dass „vorschulische mathematische Kompetenzen maßgeblich für die späteren Lei-stungen der Kinder in der Grundschule sind (vgl. Krajewski, Schneider, 2004, S. 84ff).

Aus dem weiten Spektrum mathematischer Vorläuferfertigkeiten möchte die vorliegende Arbeit den Fokus speziell auf die Raum- und Formerfahrungen von Vorschulkindern legen und untersuchen, welche Bedeutung eben diesen Erfahrungen für die Ausbildung späterer mathematischer Kompetenzen zuzuschreiben ist. Es wird die Hypothese aufgestellt, dass Raum- und Formerfahrungen in der Kita die spätere mathematische Kompetenz von Kindern weitgehend positiv beeinflussen.

Um dies zu untersuchen, ist es notwendig näher zu erläutern, was Mathematik bedeutet und was unter dem Begriff „mathematische Kompetenz" zu verstehen ist (Kapitel 2 bzw. 3). Es soll hierbei geklärt werden, ob mathematische Frühbildung sich auf das Verständnis des Zahlenmäßigen beschränken soll, bzw. ob ein erweiterter Blick auf die Mathematik und die Möglichkeiten der mathematischen Frühbildung angemessener sei.

Näher erläutert wird der Zusammenhang zwischen mathematischem Denken und räum-lichem Vorstellungsvermögen im Kapitel 4. Die Bedeutung von Bewegung bzw. körperlich-motorischer Tätigkeit beschreibt Kapitel 5. Auf die Vielfalt der Möglichkeiten der Förderung von Raum- und Formerfahrungen in der pädagogischen Praxis weist Kapitel 6 hin. Ein Ausblick auf die Bildungspläne der Länder zur mathematischen Frühbildung und zur Rolle von Raum- und Formerfahrungen soll im Kapitel 7 vorgenommen werden.

Im Fazit wird festgestellt, ob die eingangs aufgestellte Hypothese als wahr angesehen werden kann und über die vorgetragenen Inhalte reflektiert werden.

2. Mathematik – Eine Annäherung

Denkt man an Mathematik, so denkt man vorwiegend an Zahlen und Rechenoperationen. Doch scheint Mathematik weit mehr als nur „Zahlenkunde" zu sein. Bereits das Wort „Mathematik" stammt aus dem altgriechischen „manthano", das „die Kunst des Lernens" bedeutet und schon weit mehr als „nur" eine „Wissenschaft von Zahlen und Rechnen" vermuten lässt.

Die altgriechische Definition der Mathematik nach Heron von Alexandria besagt: „Mathematik ist die Wissenschaft, die fähig ist, Theorien über den Zusammenhang aller Dinge, die durch den Verstand und die Sinne wahrnehmbar sind, zu bilden." (Papanikolaou; Soubasis, 2018, S. 4, eigene Übersetzung). Tatsächlich erfuhr im alten Griechenland die Mathematik, die noch bei den Babyloniern hauptsächlich materiell ausgerichtet war und das Zählen bedeutete, eine Betonung des geometrischen Aspektes (vgl. Devlin, 1998, S. 2).

Bei Newton und Leibniz handelte die Mathematik von Zahlen, Bewegungen, Veränderungen und dem Raum (vgl. Devlin, 1998, S. 2).

Eine der bekanntesten Definitionen unserer Zeit besagt: „Mathematik ist die Wissenschaft von den Mustern" (Devlin, 1998, S. 3). Sie ist auf den englischen Mathematiker Walter Sawyer und dessen Veröffentlichung „Prelude to Mathematics" von 1955 zurückzuführen (Devlin, 2002, S. 95). Keith Devlin, der bekannte britische Mathematiker, erweitert und präzisiert diese Definition: "Mathematik ist die Wissenschaft von Ordnung, Mustern, Strukturen und logischen Beziehungen." (Devlin, 2002, S. 97).

Im Duden wird „Muster" als „Vorlage, Zeichnung, nach der etwas hergestellt, gemacht wird" (Duden online, 2018) definiert. Tatsächlich scheinen immer wiederkehrende Mu-ster die gesamte sichtbare Welt zu durchziehen. Jeder von uns kennt regelmäßige Muster in Blumen und Tieren, Wasserkristallen und Schneeflocken. Wir erkennen harmonische Muster in der Musik und leben in der rhythmischen Wiederkehr von Tages- und Jahreszeiten.

Es wird dadurch offenbar, dass hinter den Erscheinungen der sichtbaren Welt sich eine nicht sichtbare Ordnung verbergen muss. Der Physiker John Polkinghorne aus Cambridge, formuliert im Jahre 1986: „Die Mathematik ist der abstrakte Schlüssel, der das Schloss des Universums öffnen kann." (vgl. Devlin, 1998, S. 9). Rudolf Steiner beschreibt die Mathematik als „die erste Stufe übersinnlicher Anschauung" (Steiner, 1994, S. 60), was den Gedanken der Durchdringung der Welt aus Mustern, Formen und Figuren unterstreicht.

Eben diese Ordnung, die sich hinter den Erscheinungen unserer Welt verbirgt, sucht und untersucht die Mathematik. Sie begrenzt sich nicht auf äußerlich sichtbare bzw. geometrische Muster, sondern untersucht die Muster bei den Zahlen, bei logischen Schlussfolgerungen, bei Bewegungen und Veränderungen, bei Formgebilden, Symmetrien und bei Lagebeziehungen (vgl. Devlin, 1998, S. 4).

3. Mathematische Vorläuferfertigkeiten – Mathematische Kompetenzen

Die Lernvoraussetzungen, die Kindern im Vorschulalter den späteren Umgang mit Mathematik ermöglichen und erleichtern mögen, werden „mathematische Vorläuferfertigkeiten" genannt.

Diese werden nach Krajewski et. al. in drei Arten unterteilt: Mengenvorwissen, Zahlenvorwissen und Geschwindigkeit der Simultanerfassung von Mengen (vgl. Krajewski, 2006, S. 246-262). Man sieht bei Krajewski eine Betonung der Zahl und der Rechenkompetenz.

In Ergänzung dazu nennen Fthenakis et al. (vgl. Fthenakis et. al., 2009, S. 47) fünf Bereiche mathematischer Vorläuferfertigkeiten, nämlich: Sortieren und Klassifizieren, Muster und Reihenfolgen, Zeit, Raum und Form sowie Mengen, Ziffern, Zahlen.

Bereits 1984 betonte Lorenz die Wichtigkeit vom Begreifen des Abstrakt-Logischen (Lorenz, 1984, S.75-94). Für Quaiser-Pohl ist die Mathematik als die Lehre von den Mustern und Strukturen zu begreifen und sowohl die Mengen wie auch ihre Verknüpfungen sind als Abbild dieser Strukturen zu verstehen (vgl. Quaiser-Pohl, 2008, S. 103-125).

Auch Elsbeth Stern versteht die Mathematik als die Wissenschaft von den Mustern. Weiterhin fokussiert sie die Regeln und Gesetze der Mathematik, durch die Probleme gelöst werden können sowie die Fähigkeit der räumlichen Wahrnehmung, Vorstellung und Orientierung als wesentliche Beschreibungsgrößen der Mathematik (vgl. Stern, 2005, S 293-300).

So resümieren Clements und Sarama, dass der Umgang mit Zahlen, Mengen und Operationen in der frühen Kindheit eine wichtige Voraussetzung für das weitere mathematische Lernen darstellt, jedoch genügt eine Konzentration auf dieses Gebiet nicht, um der Vielfalt der Mathematik gerecht zu werden. Clements und Sarama betonen ebenfalls die Bedeutsamkeit vom Umgang mit Formen und Mustern, das logische Denken und die räumlichen Fähigkeiten (vgl. Clements; Samara, 2009, S. 410).

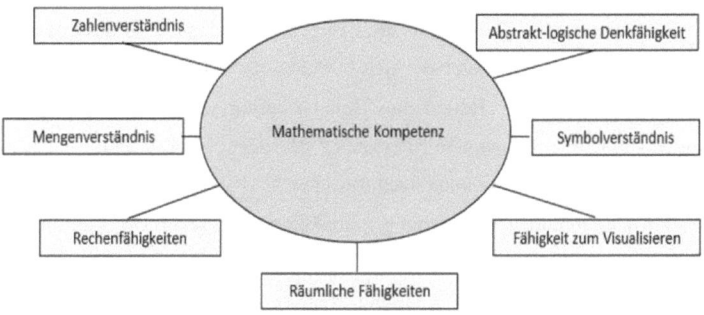

Abbildung 1   Fähigkeitsbereiche der mathematischen Kompetenz im Vorschulalter

(Müller, 2014, S. 13)

Es wird dabei ersichtlich, dass eine mathematische Frühbildung, die sich auf den arithmetischen Aspekt der Mathematik begrenzt, unzureichend ist und dem Wesen der Mathematik nicht gerecht werden kann. Das Erkennen von Formen und Mustern, das Körperbewusstsein und die Fähigkeit der Raumorientierung gehören unabdingbar zu den basalen Voraussetzungen für einen reibungslosen Einstieg in die Schulmathematik.

4. Räumliches Vorstellungvermögen und Bewegliches Denken

Voraussetzung für die grundlegende Auffassung des Raumes ist ein räumliches Vorstellungs-vermögen. Besuden beschreibt Raumvorstellungsvermögen als eine Gruppe von Fähigkeiten, „die nötig sind, um im zwei- und dreidimensionalen Raum handeln zu können", sei es in der Wirklichkeit oder in der Vorstellung (vgl. Besuden, 1984, S. 70).

„Anschaulich kann Raumvorstellung umschrieben werden als die Fähigkeit, in der Vorstel-lung räumlich zu sehen und räumlich zu denken. Sie geht über die sinnliche Wahrnehmung hinaus, indem die Sinneseindrücke nicht nur registriert, sondern auch gedanklich verarbeitet werden. So entstehen Vorstellungsbilder, die auch ohne das Vorhandensein der realen Objekte verfügbar sind." (Maier, 1999, S. 14). Räumliches Vorstellungsvermögen beinhaltet nach dem Strukturmodell von Maier fünf Teilkomponenten: Veranschaulichung, mentale Rotation, räumliche Beziehungen, räumliche Wahrnehmung und räumliche Orientierung (vgl. Maier, 1999, S. 15f.).

Damit Kinder später solche Begriffe abstrakt erfassen können, benötigen sie ein „bewegliches Denken". Für diese Art des Denkens ist die Fähigkeit grundlegend, in ein zunächst statisches Phänomen hineinsehen zu können bzw. sich in räumliche Objekte hineinversetzen zu können (vgl. Besuden, 1984, S. 79). „Räumliches Denken beruht sehr stark auf der Fähigkeit, sich Bewegungen von Körpern vorstellen zu können." (Besuden, 1984, S. 79).

Charakteristika ´der Raumvorstellung nach Besuden:

- Raumwahrnehmung: Wahrnehmung konkret vorhandener Objekte, Handlungen, Si-tuationen, Merkmale.
  Mentale Anstrengung: Wahrnehmung, Analyse & Interpretation des Wahrge-nommenen.
- Raumvorstellung: Mentales Reproduzieren nicht mehr vorhandener Objekte, Hand-lungen, Situationen, Merkmale.
  Mentale Anstrengung: Mentale Reproduktion, Analyse & Interpretation des mental Reproduzierten.
- Räumliches Denken: Mentales Operieren mit nicht mehr vorhandenen Objekten, Handlungen, Situationen, Merkmalen.
  Mentale Anstrengung: Mentales Handeln, Analyse & Interpretation der mentalen Handlung.

(Technische Universität Dortmund, 2012, S. 7)

5. Bewegung und Körperschema

Bewegung gehört zur grundsätzlichen Natur des Menschen. Sie ist Voraussetzung für die Entwicklung körperlicher, kognitiver, emotionaler, sozialer und sprachlicher Fähigkeiten. Kinder erschließen sich die Welt über ihren Körper und ihre Sinne. „Indem sie vom ersten Tag ihres Lebens an selbst tätig werden, gewinnen sie Erfahrungen, die ihnen ein zunehmendes Wissen über sich selbst, über ihre Mitmenschen und über die dinglich-räumliche Umwelt ermöglichen." (Zimmer, 2009, S. 12)

Ein Grundbedürfnis des Kindes ist es, sich zu bewegen und die räumliche und dingliche Welt mit allen Sinnen kennen und begreifen zu lernen. „Bewegung ist eine elementare Form des Denkens" soll Jean Piaget gesagt haben (vgl. Ministerium f. Familie NRW, 2016, S. 78). „Durch das Erlebnis des Raums in all seinen Perspektiven, zum Beispiel durch Kriechen und Klettern in unterschiedlichen Ebenen, erfahren Kinder eine räumliche Orientierung, die notwendig für das Durchführen von Rechenvorgängen ist" (Ministerium f. Familie NRW, 2016, S. 78).

Körperliche Bewegung ermöglicht den Kindern von Beginn an die Kommunikation und Auseinandersetzung mit der räumlichen Außenwelt. Dabei gehören Raumorientierung und Körperschema unabdingbar zusammen (vgl. EÖDL, 2006, S. 45ff). Durch die Erfahrung der eigenen Körperlichkeit und Beweglichkeit werden die Grundlagen zum späteren „beweglichen Denken" gelegt, im Sinne der oben geschilderten Beschreibung Besudens.

Die inzwischen in der Pädagogik häufig gestellte Frage „was hat Rückwärtslaufen mit Rechnen zu tun?" wird man mit „sehr viel" beantworten müssen. „Denn Kinder, deren Gehirn solche motorischen Basisschritte wie Rückwärtslaufen und die damit einhergehende Raumorientierung nicht gelernt haben, können später nur schwer Zahlen verstehen. Und bei Kindern, die ihre Füße nicht nach hinten setzen können, weil ihnen dabei die absichernde Kontrolle durch die Augen fehlt, ist mit Sicherheit der Gleichgewichtssinn beeinträchtigt - ein Problem, von dem immer mehr Kinder heutzutage betroffen sind." (Murphy-Witt 2000, S. 4).

	„Nun hängt beim Menschen die mathematische Begabung vorzugsweise ab von den drei Kanälen im Mittelohr, die mit dem Gleichgewicht etwas zu tun haben, und es besteht für den Menschen eine Art Verbindung zwischen diesem Organ im Ohr und zwischen dem gesamten das Rückenmark konstituierenden Nervensystem."
Abb. 2: Balancieren auf der Bank (vgl. Ministerium f. Familie NRW, 2016, S.79)	Rudolf Steiner (vgl. Ziegler, 1995, S. 66)

6. Frühkindliche Förderung von Raum- und Formerfahrungen in der Praxis

6.1. Grundschritte für das Mathematisieren

Wie aus der Beschreibung der Mathematik ersichtlich, ist das eigentliche Ziel der Mathematik dies des Verallgemeinerns, also des Abstrahierens. Dazu gehören gewisse Grundschritte, wie Emil Simeonov et. al. es in seinem Buch über mathematische Früherziehung beschreibt (vgl. Stiftung „Haus der kleinen Forscher", 2014, S. 10f):

Anhand der nachfolgenden Grundschritte von Simeonov kann im Sinne unserer eingangs gestellten Hypothese untersucht werden, inwiefern Alltagserfahrungen mit Formen mathematische Inhalte vermitteln.

Schritt 1: Identifizieren
Das Identifizieren, also das Erkennen von Gegenständen bildet die Basis für die mathematischen Prozesse. Dazu gehört das Benennen des jeweiligen Gegenstandes, etwas, das die Kinder auf natürliche Weise nach und nach lernen. Beispielsweise: „Das ist ein Ball.", „Das ist eine Orange.".

Schritt 2: Unterscheiden
Parallel zum Identifizieren geschieht das Unterscheiden. Die wesentlichen Merkmale der Gegenstände werden erkannt und miteinander verglichen. „Das ist ein Ball"- „Das ist eine Orange". "Einen Ball kann man nicht essen". „Eine Orange hüpft nicht."

Schritt 3: Abstrahieren

Werden zwischen verschiedenen Gegenständen auch gemeinsame Merkmale festgestellt, so beginnt das Abstrahieren. Anhand des gemeinsamen Merkmales werden die Gegenstände einer Kategorie zugeordnet, z.B. „rund". Dabei werden die Merkmale, die unterschiedlich sind, ignoriert. „Der Ball ist rund." „Die Orange ist rund."

Schritt 4: Formalisieren

Die o.g. Kategorien werden mit Hilfe von Symbolen dargestellt. Eine Kugel z.B. kann mit Hilfe eines Kreises dargestellt werden, unabhängig davon, ob es sich hier um einen Ball oder um eine Orange, eine Melone oder die Sonne handelt. „Sowohl der Ball als auch die Orange können als ein Kreis dargestellt werden."

Schritt 5: Übersetzen und Interpretieren

Die eigenführten Symbole müssen auch rückübersetzt werden können in ihrer spezifischen Bedeutung. In der Praxis bedeutet das, dass ein Kind in der Lage ist z.B. aus dem Symbol Kreis, die übergeordnete Kategorie für einen Ball, eine Orange, die Sonne usw. wiederzuerkennen also das Symbol Kreis zu interpretieren.

Es zeigt sich hier, dass der natürliche, spielerische Umgang der Kinder mit Gegenständen ihrer Umgebung und das Erfassen ihrer Formen und Eigenschaften tiefgreifende mathematische Prozesse erschließen lässt. Es zeigt sich hierbei ebenfalls der Tatbestand eines eigenständigen Lernens. Die Rolle der pädagogischen Fachkraft besteht hauptsächlich darin, dem Kind eine geeignete Lernumgebung bzw. geeignete Materialien zur Verfügung zu stellen. Jedoch kann sie die Aufmerksamkeit des Kindes auf mathematische Aspekte einer Situation lenken wie beispielsweise Regelmäßigkeiten, Ordnungsstrukturen, Rhythmen, Muster, Formen, Zahlen, Mengen, Größen, Gewicht, Zeit und Raum, Messvorgänge, räumliche Wahrnehmung (vgl. Bayerisches Staatsministerium für Arbeit und Sozialordnung, Familie und Frauen, 2012, S. 240).

6.2. Förderplan – Ein Beispiel

Bezüglich des Raum- bzw. Formaspektes gehört zu dem pränumerischen Bildungsbereich nach dem bayerischen Bildungsplan für die Vorschule folgendes:

- Visuelles und räumliches Vorstellungsvermögen, Aufbau mentaler Bilder (z. B. Objekte, die nicht zu sehen sind).
- Körperschema als Grundlage räumlicher Orientierung.
- Spielerisches Erfassen geometrischer Formen mit allen Sinnen.
- Erkennen geometrischer Formen und Objekte an ihrer äußeren Gestalt, zunehmendes Unterscheiden der Merkmale von Gestalten (z. B. rund, eckig, oval).
- Erkennen und Herstellen von Figuren und Mustern.
- Grundlegende Auffassung von Raum und Zeit.

(vgl. Bayerisches Staatsministerium für Arbeit und Sozialordnung, Familie und Frauen, 2012, S. 241ff).

Fasst man das bisher Dargestellte zusammen und setzt man es in Beziehung zu den Anregungen aus dem „Haus der kleinen Forscher", so könnte ein Förderplan mit dem Schwerpunkt „Raum und Form" folgendermaßen aussehen (vgl. Haus der kleinen Forscher, 2014, S. 23-51):

- Vielfältige motorische Betätigung – Bewegung (rennen und stoppen, sich drehen, springen, klettern, rückwärtsgehen, balancieren, sich schwenken usw.).
- Förderung der visuellen Wahrnehmung.
- Körperschema.
- Räumliches Vorstellungsvermögen, Orientierung in den Raum, Raumlagen (rechts, links, oben, unten, neben usw.).
- Flächenformen - dreidimensionale Formen - Geometrie (z.B. verschiedenartige Plättchen legen, sortieren, Türme bauen usw.). Hierzu gehört das Puzzlelegen sowie Spiele wie das Tangram.
- Symmetrien erkennen und selbst gestalten.
- Muster erkennen, Musterlegen, Sensibilisierung für die Ästhetik von Mustern.
- Kommunikation, Verbalisieren von Gedanken, Philosophieren, Ausprobieren, Problemlösen, Reflektieren.

7. Raum und Form in den Lehrplänen der Länder

Bei den Beschlüssen der Kultusministerkonferenz bzw. den Bildungsstandards im Fach Mathematik für den Primarbereich (Jahrgangsstufe 4) spricht man von allgemeinen und inhaltsbezogenen mathematischen Kompetenzen. Zu den letzteren gehören u.a. die Rubriken „Raum und Form" sowie „Muster und Strukturen" (vgl. Beschlüsse der Kultusministerkonferenz, 2004, S. 7ff). Außerdem wird hierbei auch allgemeinen mathematischen Kompetenzen wie Problemlösen, Modellieren, Argumentieren, Darstellen und Kommunizieren eine große Bedeutung zugeschrieben. (vgl. Haus der kleinen Forscher, 2014, S. 12).

Auch wenn in den Bildungsplänen der Länder frühkindliche Raum- und Formerfahrungen unterschiedlich gewichtet werden, bzw. Anleitungen für die Fachkräfte unterschiedlich detailliert behandelt werden, ist jedoch der Bereich „Raum und Form" und auch „Geometrie" in allen Bildungsplänen des Landes vertreten.

Beispielsweise wird in Hessen zusätzlich noch Wert auf den „sprachlichen und symbolischen Ausdruck" gelegt sowie auf die Reflexion von Erfahrungen. Hierbei wird betont, dass mathematische Lernvorgänge in enger Verbindung zu anderen Bereichen stehen, wie etwa Musik und Tanz, Rhythmus und Bewegung (Sport) und besonders Sprachentwicklung (vgl. Hessisches Ministerium für Soziales und Integration, 2014, S. 76)

Die Ästhetik schöner Muster und die allgemeine Denkerziehung spielen ebenfalls bei den meisten Bildungsplänen der Länder eine große Rolle (vgl. Ministerium für Familie NRW, 2016, S.114).

8. Fazit

Aktuell stellt der vorschulische Bildungsbereich in Deutschland keinen institutionellen Teil des Bildungssystems dar. Doch er betrifft und er bewegt nicht nur die pädagogische Welt, sondern auch Politik und Gesellschaft. Sowohl gesellschaftliche Veränderungen, wie auch entwicklungspsychologische und neurowissenschaftliche Erkenntnisse in den letzten Jahrzehnten zeigen die Bedeutung frühkindlicher Förderung deutlich auf.

Auch in der Mathematik und in der Diskussion über den Umgang mit frühkindlichen mathematischen Prozessen ist in den letzten Jahren eine besondere Entwicklung zu beobachten. Mathematik wird mehr und mehr von ihrem zählmäßigen Aspekt abgekoppelt und zunehmend in ihren übergeordneten Funktionen gesehen. Begriffe wie „mathematisches Denken" oder „mathematische Kompetenz" treten mehr in den Fokus der Aufmerksamkeit und werden breiter erfasst als noch einige Jahrzehnte zuvor. Die besondere Bedeutung von frühen Raum- und Formerfahrungen wird von vielen Autoren aufgegriffen und aufgezeigt. Diese werden in der heutigen Bildungslandschaft als grundlegend für den Erwerb späterer mathematischer Kompetenzen in der Schule angesehen.

Aus den Inhalten der vorliegenden Arbeit lässt sich ableiten, dass räumlich-mathematisches Denken sinnvoller ist, als beispielsweise das bekannte Auswendiglernen von Zahlenreihen. Raum- und Formerfahrungen unterstützen die Fähigkeit der Abstraktion im Denken, was im direkten Zusammenhang mit dem „Mathematisieren" steht (vgl. Haus der kleinen Forscher, 2014, S.10). Somit muss unsere eingangs gestellte Hypothese als wahr angesehen werden.

Auch hier gilt der Leitsatz von Pestalozzi: „Kopf-Herz-Hand". Auf der Basis tatsächlicher Auseinandersetzung mit der das Kind umgebenden sichtbaren Welt und in Begleitung eines begeisterungsfähigen, neugierigen, freudig-forschenden Kinderherzens können auch mathematische Inhalte zunehmend in die Region des Kopfes aufsteigen und spätere abstrakte Vorstellungsinhalte werden, die mittels der Denkkraft weiter erforscht und ausgebaut werden können.

Literaturverzeichnis

Baumert, Jürgen (2001): PISA 2000 Basiskompetenzen von Schülerinnen und Schülern im internationalen Vergleich, Deutsches PISA-Konsortium (Hrsg.), Opladen, Leske und Budrich Verlag.

Bayerisches Staatsministerium für Arbeit und Sozialordnung, Familie und Frauen, Staatsinstitut für Frühpädagogik München (2012): Der Bayerische Bildungs- und Erziehungsplan für Kinder in Tageseinrichtungen bis zur Einschulung: 5., erweiterte Auflage, Berlin, Cornelsen Verlag.

Beschlüsse der Kultusministerkonferenz (2004): Bildungsstandards im Fach Mathematik für den Primarbereich (Jahrgangsstufe 4), Sekretariat der Ständigen Konferenz der Kultusminister der Länder in der Bundesrepublik Deutschland (Hrsg.), München, Neuwied: Wolters Kluwer Deutschland GmbH.

Besuden, Heinrich (1984): Knoten, Würfel, Ornamente: Aufsätze zur Geometrie in Grund- und Hauptschulen; Stuttgart:, Ernst Klett Verlag.

Clements, H. Douglas; Sarama, Julie. (2009): Early Childhood Mathematics and Education Research: learning Trajectories for Young Children,. New York: Routledge.

Devlin, Keith (1998); Muster der Mathematik, Ordnungsgesetze des Geistes und der Natur; Heidelberg, Berlin: Spektrum Akademischer Verlag GmbH.

Devlin, Keith (2002); Das Mathe Gen; (2. Aufl.); Stuttgart: Klett-Cotta Verlag.

Duden online (2018): „Muster" auf Duden online: Abgerufen am 11.11.2018 von URL: https://www.duden.de/node/658427/revisions/1866098/view.

EÖDL (2006): Modul 1; Kärntner Landesverband Legasthenie Eigenverlag, Klagefurt.

Fthenakis, Wassilios (27.06.2015); Perspektiven für eine längst fällige Reform der Frühpädagogik; Vortrag gehalten im Rahmen des Kongresses des Pestalozzi-Fröbel-Verbandes e.V.; Bad Blankenburg.

Fthenakis, Wassilios et.al. (2009): Natur-Wissenschaften. Band 2: Frühe Mathematische Bildung, , Troisdorf: Bildungsverlag EINS.

Galileo Galilei (1832): Il Saggiatore (Deutsch: Der Prüfer mit der Goldwaage; aus: Opere di Galileo Galilei, Bd. 2; Milano: Nicolò Bettoni Verlag.

Hessisches Ministerium für Soziales und Integration (2014): Bildung von Anfang an -: Bildungs- und Erziehungsplan für Kinder von 0 bis 10 Jahren in Hessen (6. Aufl.), Hessen: Eigenverlag.

Krajewski, Kristin (2004); Vorhersage von Rechenschwäche in der Grundschule; Hamburg: Dr. Kovac.

Lorenz, Jens-Holger (1984): Teilleistungsstörungen, in J. H. Lorenz (Hrsg.), Lernschwierigkeiten: Forschung und Praxis, Köln: Aulis-Verlag

Maier, Peter H. (1999): Räumliches Vorstellungsvermögen. Frankfurt/M., Peter Lang Verlag.

Ministerium für Familie, Kinder, Jugend, Kultur und Sport des Landes Nordrhein-Westfalen (2016): Bildungsgrundsätze für Kinder von 0 bis 10 Jahren in Kindertagesbetreuung und Schulen im Primarbereich in Nordrhein-Westfalen; Freiburg im Breisgau: Herder Verlag.

Murphy-Witt, Monika (2000): Spielerisch im Gleichgewicht; (4. Aufl.); Freiburg im Breisgau: Christophorus Verlag.

Papanikolaou, Apostolis; Soubasis Giorgos: Etymologie, Geschichte, Philosophie mathematischer Begriffe; Abgerufen am 06.12.2018 von URL: http://www.ekp.gr/files/math-etymology.pdf

Quaiser-Pohl, Claudia (2008). Förderung mathematischer Vorläuferfähigkeiten im Kindergarten mit dem Programm „Spielend Mathe". In: F. Hellmich & H. Köster (Hrsg.), Vorschulsche Bildungsprozesse in Mathematik und Naturwissenschaften (S. 103-125). Bad Heilbrunn: Julius Klinkhardt.

Starkey, Prentice; Spelke, Elizabeth S.; Gelman, Rochel (1990); Numerical abstraction by human infants; in: Cognition; Heft 36 (2); S. 97-127.

Steiner, Rudolf (1994); Damit der Mensch ganz Mensch werde; in: GA Nr. 82; Dornach/Schweiz: Rudolf Steiner Verlag.

Stern, Elsbeth (2005). Vom Gehirn zur Kultur: Mit Mathematik die Welt verstehen. In: M. Hasselhorn, H. Marx & W. Schneider (Hrsg.), Diagnostik von Matheleistungen (S. 293-300). Göttingen: Hogrefe.

Technische Universität Dortmund (2012): Inter-Netzzo"-Im Kopf unterwegs zwischen Netzen, Schachteln und Würfeln; Abgerufen am 21.10.2018 von URL: https://pikas.dzlm.de/pikasfiles/uploads/upload/Material/Haus_7_-_Gute_-_Aufgaben/01_Inter-Netzzo/Praesentation/Inter-Netzzo.pdf

Ziegler, Renatus (1995): Rudolf Steiner und der mehrdimensionale Raum; Dornach/Schweiz: Rudolf Steiner Verlag.

Zimmer, Renate (2009). Handbuch Sprachförderung durch Bewegung; Freiburg: Herder Verlag.

Abbildungsverzeichnis